LES PRIMES D'HONNEUR

DE

LA PETITE CULTURE, DE L'HORTICULTURE

ET

Les Récompenses aux Serviteurs ruraux

Dans la Marne en 1884,

PAR

L.-G. MAURICE,

Secrétaire et Rapporteur général de la Commission ministérielle.

VITRY-LE-FRANÇOIS
Typographie PESSEZ et Cᵉ, rue Dominé de Verzet, 13.

1884

RAPPORT

DE

M. L.-G. MAURICE

SUR LES

PRIMES D'HONNEUR DE LA PETITE CULTURE,
DE L'HORTICULTURE
ET LES RÉCOMPENSES A DÉCERNER
AUX SERVITEURS RURAUX DANS LA MARNE

EN 1884.

Un extrait de ce rapport a été lu, en séance de distribution solennelle des récompenses présidée par M. Méline, ministre de l'agriculture. *(Concours régional d'Epernay, 8 juin 1884.)*

Monsieur le Ministre,
Mesdames,
Messieurs,

C'est la première fois, depuis l'institution des concours régionaux, que l'Etat récompense le petit cultivateur, l'horticulteur et le serviteur rural. Pourtant, la petite culture, qui compte pour 75 à 90 pour 100, dans la population agricole de la France, l'horticulture qui a fait depuis quelques années

d'immenses progrès, les vieux serviteurs qui ont été à la peine, méritaient de participer directement aux récompenses de l'Etat. Il appartenait à un gouvernement démocratique comme la République de rendre hommage au travail des plus humbles ; aussi en créant les nouvelles primes d'honneur, en ouvrant à ces catégories intéressantes de travailleurs agricoles l'accès des grandes récompenses, Monsieur le Ministre de l'agriculture s'est acquis des droits à la reconnaissance de tous les véritables amis de l'agriculture.

La Commission chargée, par M. le Ministre, d'assurer l'exécution de son arrêté du 31 décembre 1883 s'est réunie plusieurs fois sous la présidence de l'honorable M. Poirrier, conseiller général de la Marne et maire d'Esternay. Votre très humble serviteur fut élu secrétaire et rapporteur général en séance d'installation. Toutes les décisions concernant les serviteurs ruraux, et l'attribution des primes dans les trois catégories définies par l'arrêté ministériel, furent prises en commun, mais la commission s'est divisée en deux sections pour visiter les exploitations et établissements des candidats aux primes d'honneur de la petite culture et de l'horticulture.

Première sous-commission, dite de petite culture : MM. Poirrier, président, Chonet, membre, Renard-Matras, rapporteur.

Deuxième sous-commission, dite d'horticulture : MM. J.-L. Plonquet, président, Thierry, Frédéric, membre, Louis-Gustave Maurice, rapporteur.

Les sous-commissions ont eu à visiter

des exploitations situées dans toutes les parties du département. Elles ont été heureuses de constater partout des efforts considérables faits par les cultivateurs et les horticulteurs, chacun avec les moyens mis à sa portée.

La sous-commission d'horticulture a vivement regretté de ne pouvoir récompenser des mérites au-dessus de tout éloge, la prime d'honneur étant récompense unique et indivisible. Il est évident que le petit maraîcher, que le producteur de fraises ou de champignons, ne lutteront jamais avec avantage contre les grands établissements; et pourtant le légume le plus vulgaire a son mérite lorsqu'il est bien cultivé. Il y aurait lieu de créer en vue des concours suivants, deux prix destinés aux concurrents les plus méritants dans deux branches de l'horticulture : 1° la culture maraîchère ; 2° les cultures spéciales.

La sous-commission de petite culture a visité les exploitations des candidats dont les noms suivent :

1° M. Jamain, Alexandre, propriétaire à Morsains, arrondissement d'Epernay ;

2° M. Auvret, Alexandre, propriétaire à Morsains, arrondissement d'Epernay ;

3° M. Radet, Auguste-Ferdinand, propriétaire, vigneron à Monthelon, arrondissement d'Epernay ;

4° M. Fauvet, Louis, propriétaire, fermier à Champigny, arrondissement de Reims ;

5° M. Ronseaux, Alphonse, propriétaire à Courcelles-les-Rosnay, arrondissement de Reims.

La sous-commission d'horticulture a visité les établissements des candidats dont les noms suivent :

1° M. Durand-Bauer, jardinier-maraîcher à Œuilly, arrondissement d'Epernay ;

2° M. Gillet, Charles, jardinier-maraîcher à Mourmelon-le-Grand, arrondissement de Châlons-sur-Marne ;

3° Mme veuve Legrand, maraîchère et fleuriste à Epernay, arrondissement dudit ;

4° M. Meunier, Michel, champignonnier au moulin de la Housse, près Reims, arrondissement dudit ;

5° M. Leboul, François, pépiniériste à Epernay, arrondissement dudit ;

6° M. Guiot-Denissy, horticulteur-pépiniériste à Sainte-Menehould, arrondissement dudit ;

7° M. Voité, Ernest, pépiniériste à Tinqueux, arrondissement de Reims ;

8° M. Arbeaumont, Gabriel, horticulteur, pépiniériste, architecte-paysager à Vitry-le-François, arrondissement dudit ;

9° M. Maquerlot, Edmond-Elie, horticulteur, pépiniériste à Fismes, arrondissement de Reims.

Conformément aux termes de l'article 3 de l'arrêté ministériel du 31 décembre 1883 et de la circulaire du 21 mai 1884, voici le rapport motivé contenant la description et l'appréciation de toutes les exploitations visitées par les sous-commissions :

I. Prime d'honneur de la petite culture.

M. Auvret, cultivateur-propriétaire, à Morsains, arrondissement d'Epernay, s'est établi en 1862 avec un patrimoine-espèce de.......................... 2,000 fr.

18 arpents de terre d'une valeur de....................... 7,000

Une maison avec verger d'une valeur de..................... 3,000

Total..... 12,000 fr.

Il possède aujourd'hui 9 h. 72 de terre et prés évalués........ 11,000 fr.

Maison et verger améliorés par le candidat.................. 7,000

Total..... 18,000 fr.

Les récoltes comprennent :

Blé................	2 h. 75
Avoine.............	2 h. 77
Prairies artificielles..	2 h »»
Pommes de terre, betraves................	0 20
Prairies............	1 h. »»
Jachère............	1 h. »»
Total.....	9 h. 72

Inventaire du bétail et des instruments :

2 chevaux..................	1,600 fr.
3 vaches....................	1,000
1 truie suitée...............	350
25 volailles..................	50
2 voitures, 2 tombereaux, 2 herses, 1 rouleau, 1 charrue, etc.	850
Améliorations foncières :	
Marnage.....................	2,000
Total.....	5,850 fr.

De la somme de 23,850 fr., valeur de la terre exploitée, du mobilier et des bâtiments d'exploitation, il faut déduire celle de 12,000 fr. l'avoir dont disposait M. Auvret en s'établissant.

En 1884............	23,850 fr.
En 1862............	12,000
Différence.....	11,850 fr.

En 22 ans les économies ont donc été de 11,850 francs. Les récoltes n'ont pas une belle apparence et quelques parcelles de terres seraient susceptibles d'améliorations telles que drainage et marnage ; le bétail pourrait être meilleur et en meilleur état. Une critique que la commission ne peut manquer d'adresser au candidat c'est le peu de soin apporté à la confection du fumier, qui, jeté sur un vaste terrain est exposé à toutes les intempéries ; rien n'est fait pour retenir le purin qui en sort, il s'écoule librement au dehors et se mêle aux eaux de l'égoût communal.

M. Jamain-Royer, cultivateur-propriétaire, à Morsains, arrondissement d'Epernay, s'est établi en 1864 avec un patrimoine espèce de.................... 5,000 fr.

Depuis cette époque, il a hérité 17 arpents de terre et des bâtiments pour une valeur approximative de....................	16,000
Total.....	21,000 fr.
Acquisition de terres, amélioration de bâtiments............	1,000 fr.
Bétail et instruments :	
2 chevaux..................	1,800
6 vaches et génisses..........	2,000
2 voitures.................	500
A reporter...	26,300 fr.

Report...	26,300 fr.
1 herse, 1 extirpateur, 2 charrues, machine à battre en bout et pour laquelle il a construit un manège........................	600
Plus-value donnée à la propriété.........................	6,000
Total.....	32,900 fr.

Son exploitation comporte 9 hectares 26, ainsi assolés :

Blé.................	2 h. 10
Avoine.............	2 h. 50
Betteraves, pommes de terre...............	0 40
Artificielles.........	1 h. 50
Jachère.............	1 h. 10
Prairie..............	1 h. 66
Total.....	9 h. 26

Récoltes assez belles, terres soignées mais susceptibles d'améliorations. Les chevaux sont très bons, mais les bêtes bovines pourraient être de race meilleure et mieux choisies. L'ordre intérieur laisse beaucoup à désirer ; les fumiers sont trop négligés, et le purin au lieu d'être dirigé vers la prairie pour l'irriguer devrait être recueilli pour servir à leur fabrication.

En déduisant de l'avoir total réalisé à ce jour.........................	33,900 fr.
Ce qu'il avait en s'établissant et ce qu'il a hérité...........	21,000
Il se trouve avoir économisé en 20 ans.....................	12,900

M. Radet, *Auguste-Ferdinand*, vigneron,

à Monthelon, arrondissement d'Epernay, s'est établi ouvrier vigneron en 1855 et s'est toujours fait remarquer par un travail constant, une conduite irréprochable, et beaucoup de probité. En 1870 seulement il devint propriétaire de vignes et augmenta doucement son patrimoine ; il possède actuellement 91 ares en vigne, admirablement cultivées. C'est un travailleur qui, sans négliger sa besogne, a su parfaitement élever six enfants dont le plus jeune fréquente encore l'école.

La valeur de ses vignes, grâce aux améliorations opérées peut être portée à .... 8,340 fr.
Sa maison vaut.............. 2,600

Ce qui donne un avoir total de.. 10,940 fr.

M. Fauvet, Louis, propriétaire et fermier, à Champigny, arrondissement de Reims, a débuté en 1842, n'ayant que ses bras pour tout avoir. C'est un troisième mariage qui lui vaut plus tard, une somme de 2,000 fr. Depuis son établissement, il a acquis en terres labourables............ 5 hec. 35
Et est devenu locataire de.... 2 — »»

Total de l'exploitation.. 7 hec. 35

Les terres sont bien cultivées et les récoltes sont satisfaisantes pour le sol exploité, qui paraît de qualité douteuse. Les bâtiments, la cour manque de tenue ; le fumier n'attire pas suffisamment l'attention du maître ; le bétail est loin d'être parfait ; l'étable devrait être garnie de sujets plus remarquables sous le rapport des aptitudes laitières ; le candidat ne devrait pas ignorer que la commune qu'il habite, est par le fait du voisinage de Reims, un centre favorable à la production et à la vente du lait.

Les terres emblavées sont :

Blé........................	1 hec. 70
Avoine.....................	1 — 60
Betteraves, pommes de terre.	0 — 70
Prairies artificielles..........	3 — 35
Total...	7 hec. 35

Inventaire du bétail et des instruments :

1 cheval.....................	50 fr.
3 vaches....................	1,100
2 porcs gras.................	300
50 volailles..................	100
1 charrue, 1 brabant, 1 herse, 1 carriole, 1 charrette.	500
Total.....	2,050 fr.

La valeur de la maison est de.	4,000 fr.
Celle des terres..............	9,000
Celle du bétail et du matériel.	2,050
Total.....	15,050 fr.

En déduisant les 2,000 fr. dont il a été question précédemment, il reste comme fruit de 24 années de travail et d'économie 13,050 fr.

M. Ronseaux, Alphonse, propriétaire, à Courcelles-les-Rosnay, arrondissement de Reims, s'est établi en 1860 avec un avoir de 4,000 fr. Il a acheté, depuis cette époque, une propriété de 4 hectares en bonne terre, et a loué 85 ares de terre de même qualité ; ce qui forme un total de 4 hectares 85 ares en 28 parcelles. La tenue générale de la superficie cultivée est excellente ;

les récoltes sont remarquables sous tous les rapports. Le bétail est le point faible de l'exploitation, mais le candidat est décidé à faire les sacrifices nécessaires pour l'améliorer et l'augmenter. Le placement des instruments pourrait être plus régulier, la tenue de la cour, meilleure, mais il faut reconnaître que l'on ne peut exiger d'un cultivateur militant une régularité mathématique dans ce placement; cependant, nous pensons que l'on doit se rapprocher le plus possible de la formule : « *Une place pour chaque chose et chaque chose à sa place.* » Un pré-verger contenant 30 ares est irrigué avec soin. La commission a constaté avec plaisir que tout ce qui touchait directement à la production et aux engrais, était parfaitement soigné.

M. Ronseaux a pour l'assister dans ses travaux, son jeune fils, un enfant de 15 ans.

La superficie emblavée est composée ainsi qu'il suit :

Blé........................	1 hec. 30
Avoine....................	1 — 30
Pommes de terre, betteraves.	1 — »»
Prairies artificielles..........	0 — 95
Pré-verger.................	0 — 30
Total. ..	4 hec. 85

Voici ce qui est relatif au bétail et au matériel d'exploitation :

1 cheval....................	400 fr.
1 bœuf de travail............	400
1 bouvillon	100
2 génisses de 1 à 3 ans.......	300
1 porc....................	100
A reporter...	1,300 fr.

Report...	1,300 fr.
22 volailles....................	44
2 charrues, un extirpateur, une herse, 2 voitures, etc...........	500
Total.....	1,844 fr.
Valeur de la maison..........	5,000 fr.
Valeur des terres............	15,000
Espèces placées..............	1,000
Ensemble.....	22,844 fr.

Déduction faite de la somme de 4,000 fr. dont M. Ronseaux disposait en débutant, il reste comme bénéfice net réalisé en 24 ans 18,844 fr.

La Commission a reconnu dans les cinq candidats, dont nous venons d'énumérer les titres, des hommes de travail qu'elle aurait été heureuse de récompenser proportionnellement aux mérites qui les distinguent, mais ses membres ont dû se renfermer strictement dans les dispositions de l'arrêté ministériel du 31 décembre 1883 et de la circulaire ministérielle du 21 mai 1884. La commission présente à M. le Ministre, le plus méritant des concurrents, M. Ronseaux (Alphonse), cultivateur, à Courcelles-les-Rosnay, et le prie de bien vouloir lui décerner la prime d'honneur de la petite culture.

II. Prime d'honneur de l'horticulture.

M. Durand-Bauer, jardinier maraîcher à Œuilly-sur-Marne, exploite plusieurs jardins situés à proximité de son habitation.

Ils contiennent ensemble 85 ares dont la culture laisse à désirer, le candidat ayant été privé d'un aide pendant près d'un mois. Le jardin est bien aménagé, il fournit quantités de légumes, écoulés régulièrement à Epernay. Un système d'arrosage, de l'invention de M. Durand, mérite une mention spéciale, son emploi est très-économique. Le jardin absorbe chaque année 150 mètres cubes de fumier de cheval acheté 4 fr. 50 le mètre cube à Port-à-Binson ; il donne pour 5,000 fr. de produits ; l'aide qui participe aux travaux de M. et Mme Durand reçoit 35 fr. par mois et il est nourri et logé à la maison. M. Durand est plusieurs fois lauréat de la Société d'horticulture d'Epernay, mais ses mérites ne sont pas suffisants pour prétendre à une récompense telle que la prime d'honneur.

M. Gillet (Charles), jardinier maraîcher à Mourmelon-le-Grand, cultive un terrain calcaire en bonne exposition ; néanmoins le sol est froid et défavorable au jardinage. Ce jardin a été créé par le candidat il y a 25 ans ; il est sa propriété et produit les pommes de terre hatives, les radis, les laitues, les fraises sous chassis, la carotte, les melons, les choux-fleurs, etc. Son aménagement a demandé beaucoup de temps et causé beaucoup de peine au candidat qui a exécuté des déplacements considérables de terre pour niveler partiellement le terrain. L'eau, qui se trouve à 4 mètres de profondeur, est distribuée dans plusieurs bassins établis de place en place. M. Gillet cultive son jardin sans aide, et chaque année, vend pour 3,000 fr. de légumes ; il a abandonné, depuis 1870, le commerce des fleurs de pleine terre et des bouquets à la main, faute d'amateurs. M. Gillet (Charles) est un maraîcher très estimé auquel la Commission ne peut qu'adresser des félicitations.

Mme veuve Legrand, maraîchère et fleuriste à Epernay, exploite depuis vingt ans un jardin d'une étendue de 92 ares, admirablement exposé, très régulièrement divisé, et ayant ouverture sur deux rues ; il est sa propriété et sa création. Sa valeur, avant l'exploitation, était de 22,000 fr., actuellement elle est de 70,000 francs. Le sol, notablement amélioré, est d'une fertilité remarquable ; il produit les légumes, les primeurs, les fleurs que l'on peut désirer. La partie fruitière se résume en quelques poiriers à haute tige, des groseillers, des vignes fixées au mur de clôture. Tous les produits sont écoulés sur les marchés d'Epernay, la vente est faite par Mme Legrand elle-même.

Mme Legrand s'occupe de jardinage depuis quarante ans ; elle a eu la douleur de perdre son mari dernièrement ; elle reste seule pour diriger et cultiver, ses enfants exerçant une autre profession. Deux aides jardiniers, payés à raison de 4 fr. 50 par journée, travaillent régulièrement toute l'année. Les engrais employés sont le fumier de cheval et la poudrette ; le fumier acheté à Epernay coûte 7 fr. 50 le mètre cube, le jardin en absorbe pour 2,500 fr. chaque année. Il existe de vastes serres, l'une chaude, l'autre tempérée, pour multiplier et abriter les plantes et les fleurs de luxe ; les abris se composent de 400 chassis avec cadre en bois, 800 paillassons et bâches ; les cloches en verre ne sont pas employées pour la raison qu'elles occasionnent trop de main-d'œuvre. Deux pompes fournissent l'eau qui est répartie dans 20 bassins pour l'arrosage.

Mme Legrand a débuté avec ses bras, elle a réussi à force de travail, de conduite et d'économie. Son chiffre d'affaires, pour 1883, a été de 14,500 francs, les légumes y étant pour 9,500 f., les serres pour 3,000 f., les fleurs de pleine terre et les fruits pour 2,000 fr. Le bénéfice net a été 2,500 fr. Les époux Legrand ont reçu plusieurs récompenses à Châlons, Epernay, Chateau-Thierry.

M. Legrand a été le collaborateur intelligent et dévoué du regretté comte de Lambertye qui le proclamait le premier maraîcher de la ville d'Epernay. (Lettre du 6 août 1874.) La Commission félicite Mme veuve Legrand pour l'excellente tenue de son jardin et les beaux résultats qu'elle a obtenus.

La champignonnière rémoise est installée dans les carrières qui environnent le moulin de la Housse près Reims. Son propriétaire, M. Guillaume-Michel Meunier, est arrivé à Reims, il y a cinq ans, avec de faibles ressources qu'il a immédiatement consacrées à la préparation des carrières qui devaient abriter les couches à champignons.

Par un travail de tous les instants, il a

su vaincre de grandes difficultés, en créant des descentes praticables, en consolidant des voûtes, en perçant des galeries, en nivelant le sol, en remplissant de grandes fosses où les eaux pluviales s'emmagasinaient, enfin en tentant dans ces lieux souterrains une culture qui pouvait fort bien ne pas réussir. Dès 1880, il vendait pour 5,000 francs de champignons ; il doublait cette vente en 1881, et en 1883 le produit total aurait été de 70,000 francs. Actuellement, il est le champignonnier en renom qui alimente les villes de la région.

Sa culture s'étend sur une longueur de près de cinq mille mètres, elle nécessite dix hommes, trois chevaux et une quantité de fumier de cheval évaluée 40,000 francs. La commission a visité les carrières voisines des caves Pommery ainsi que les meules disposées sous les arcades du réservoir d'eau d'un faubourg. C'est chose curieuse que de descendre ainsi à des profondeurs variant de 30 à 40 mètres, par des escaliers en colimaçon, une lampe fumeuse à la main droite, tandis que la gauche cherche un appui contre la muraille pour faciliter la descente. L'intérieur des galeries et des caves n'est pas moins intéressant : c'est là que le fumier, qui a été préparé avant son introduction dans la cave, est disposé en accots de deux mètres de hauteur sur quarante centimètres d'épaisseur ; le milieu des galeries est occupé par des meules ordinaires. Cette préparation est suivie du lardage, de la pose du blanc, du gobtage et de la cueillette, opérations qui se font à des intervalles assez longs. Aussi M. Meunier a-t-il des meules de différents âges, ce qui lui assure une récolte continuelle. La production varie de 120 kilog. à 300 kilog. par jour, vendus au prix de 2 fr. 50 le kilog. Les frais généraux de l'exploitation s'élèvent à 50,000 fr., dont 40,000 francs pour achat de fumier. Le fumier devenu impropre à la culture du champignon, est revendu de 10 à 15 francs le mètre cube, suivant sa qualité.

M. Meunier a déjà obtenu plusieurs récompenses des sociétés horticoles de Reims, d'Epernay et de Soissons ; elles consistent en médailles d'or, vermeil, argent. La commission félicite vivement M. Meunier, créateur d'un établissement, peut-être unique dans son genre, et où il exploite, sur une grande échelle, une spécialité horticole très recherchée sur tous les marchés.

M. Leboul (François), pépiniériste à Epernay, cultive un terrain horticole de 75 ares dont le sol paraît peu propice à ce genre d'exploitation ; la valeur à l'hectare est de 15 à 20,000 francs. L'établissement produit les bonnes espèces de pommiers, poiriers, pruniers, fraises, arbres et arbustes d'ornement, etc., etc., mais en raison de l'exiguité de la surface cultivée, il ne peut satisfaire à toutes les demandes qui lui sont adressées ; c'est aux grandes pépinières que M. Leboul s'adresse pour compléter son assortiment. Il occupe deux ouvriers pour l'exécution de travaux horticoles chez des propriétaires habitant la ville ou les environs ; la journée d'un ouvrier vaut 3 francs 50 en hiver et 5 francs pendant la bonne saison. Les engrais employés, à raison de 1 mètre cube à l'are, sont les fumiers de cheval, de vache, la boue de ville ; ils reviennent à 7 francs 50 le mètre cube ; leur durée est de deux années seulement. La partie florale se réduit à la culture des fleurs pour garniture de jardins ; il n'existe pas de serre, mais un hangar, des bâches en bois, 20 chassis, et comme moyen d'arrosage un puits profond de 33 mètres. La Commission a remarqué que les travaux de la saison étaient en retard et que la tenue générale laissait à désirer ; il faut dire qu'au passage de la Commission, une maladie douloureuse retenait M. Leboul au lit et lui interdisait toute occupation. Le candidat a fait pour 6,800 francs d'affaires en 1883, dont 4,000 francs pour les fleurs.

M. Leboul a débuté en 1842 à Angers (Maine-et-Loire) puis il est devenu jardinier de la maison Moët et Chandon qui a apprécié longuement ses services. Vingt médailles, or, vermeil, argent, bronze, et 4 jetons de juré dans les concours, ont récompensé les nombreux travaux auxquels il doit un nom dans le monde horticole. Il est vice-président de la Société d'horticulture d'Epernay, après avoir été l'un de ses fondateurs. C'est un horticulteur méritant que la commission regrette de voir cultiver un sol aussi difficile et une surface aussi restreinte.

M. Guiot-Demissy, horticulteur-pépiniériste à Sainte-Menehould, a débuté en 1855 sur un petit champ de 21 ares, qu'il a défoncé, fumé et planté en arbres pouvant être écoulés dans le pays même ; les résultats furent encourageants et fructueux ce qui lui permit d'agrandir chaque année son petit lopin de terre au point qu'il compte à ce jour quatre hectares de jardin maraîcher, jardin à fleurs et pépinières. Le sol exploité est de nature froide et de composition variable, car cette superficie de 4 hectares se divise en plusieurs parcelles, les unes affectées aux variétés fruitières et d'ornement, les autres aux essences forestières. Le jardin maraîcher comprend 20 ares tenant à la maison d'habitation près de laquelle on trouve encore deux petites serres et des chassis destinés à la multiplication des fleurs décoratives. Une chaudière tubulaire de Barillot à Moulins, donne la chaleur nécessaire pour mener à bonne fin les multiplications tentées. Le jardin, où 300 pièces de chassis servent à la culture forcée des légumes, et les serres, ont aidé M. Guiot à traverser les années où le rendement des pépinières suffisait à peine pour couvrir les frais de culture ; le tout, ainsi qu'un plant d'asperges de 500 pieds, est parfaitement tenu, les légumes et les fleurs, de nature à tenter l'amateur le plus indifférent. La visite des pépinières, n'a pas laissé dans l'esprit des membres de la Commission une impression aussi heureuse. Les arbres sont beaux et vigoureux; mais la confusion règne dans plusieurs carrés, une division régulière, la séparation complète des variétés sont de rigueur, car l'amateur qui passe, n'a pas en poche, comme le pépiniériste, un carnet pour le renseigner. La collection fruitière comprend le poirier en cent variétés, le pommier en vingt-cinq, les pruniers, cerisiers, pêchers, vignes hâtives, etc., etc., donnant tous des fruits propres à la table, à la fabrication du cidre, du vin, des confitures, etc. Les greffes d'un et de deux ans sur doucin, paradis, cognassier, forment des carrés remarquables. Nous renonçons à l'énumération des variétés qui composent les parties forestières et ornementales, citons seulement une école d'arbres verts de deux ans de plantation, qui est bien réussie. Le peuplier suisse, dit le régénéré, est la variété bouturée chaque année par M. Guiot, dans des terrains voisins de la rivière d'Auve. Le terrain, très humide, marécageux, mais assaini par différents travaux, est favorable à cette culture qui compte plusieurs milliers de pieds. Braux-Sainte-Cohière, pays natal du candidat, un marais de 44 ares transformé par ses soins en une belle pépinière a fourni 5,000 peupliers ; ceux qui ont été laissés pour garnir le terrain, mesurent à quatre années d'âge et à une hauteur de 80 centimètres 30 et 36 centimètres de circonférence. Les essences fruitières et forestières cultivées chez M. Guiot, comptent 60,000 sujets en quatre âges différents, disposition qui permet une vente annuelle. Il écoule facilement les produits de ses pépinières dans l'arrondissement de Sainte-Menehould, la Meuse, les Ardennes, la Haute-Marne, et l'Aisne. Les ouvriers employés au nombre de quatre coûtent par jour 3 fr. et 3 fr. 25 ; les apprentis nourris à la maison reçoivent 20 fr. par mois. Le fumier est l'engrais employé ; c'est lui qui donne les meilleurs résulats, aussi bien au jardin que dans les pépinières; il coûte 5 fr. le mètre cube, pris chez le vendeur ou bien 6 fr. rendu à domicile ; sa durée est de trois années. Le sol des pépinières a été amendé avec de la chaux éteinte provenant de la sucrerie, des boues de route, et du sable blanc de Rilly-la-Montagne qui, avant l'établissement du chemin de fer, coûtait rendu à Sainte-Menehould. 50 fr. le mètre cube. La comptabilité atteste un chiffre d'affaires de 12,000 fr. en 1883, la vente des arbres y entrant pour 9,000 fr. Pour la même année, le bénéfice net a été peu inférieur à celui des années précédentes, soit 3,000 fr. La situation financière du candidat est excellente; il a débuté avec 1,200 fr. et il en possède actuellement 60,000, après avoir élevé dignement une famille nombreuse et venu en aide à ses vieux parents.

Le comice agricole de Sainte-Menehould a récompensé plusieurs fois en 1859 et en 1863, les louables efforts de M. Guiot-Demissy qui, en homme intelligent, se rend chaque année dans les principaux centres horticoles afin de se tenir au courant de la production française.

M. Voité (*Ernest*), pépiniériste, cultive à Tinqueux, siège de son établissement, un terrain de 3 hectares 50 ares, une pépinière de peupliers suisses régénérés à Saint-Brice, et à Reims un autre terrain d'un hectare en deux parcelles. Primitivement, ces terrains étaient des prés-marais, le candidat les a défrichés, assainis, défoncés et garnis de plants fruitiers à pépin et à noyau, d'arbres verts et d'ornements et d'essences forestières. La pépinière de Tinqueux, acquise au prix de 7,000 francs l'hectare, est une belle propriété divisée régulièrement par de larges allées, bordées par des arbres verts, des arbustes et des plantes décoratives. Cette heureuse disposition permet à l'œil d'embrasser le tout et de juger en un instant l'effet produit par l'ensemble des nombreux carrés plantés ; mais la Commission ne s'est pas arrêtée à un examen aussi superficiel, elle est entrée dans les détails, et une étude minutieuse lui a fait découvrir bientôt que beaucoup d'arbres fruitiers péchaient sous divers rapports et que trop de sujets suffisamment avariés par la gelée en 1879, pour être sacrifiés, avaient été restaurés et conservés. Certains travaux étaient en retard, il faut dire que l'ébourgeonnage et l'enlèvement des ligatures des greffes auraient été opérés si la température de la fin d'avril n'avait été aussi basse. La pépinière de Reims, bordée par un bras de la Vesle, appelé la Rivière-brûlée en souvenir d'un moulin incendié par les alliés en 1814, est garnie de boutures de doucin et de cognassier qui seront greffées à leur deuxième année, de pommiers et poiriers plantés en 1884, de peupliers suisses et d'Italie. M. Voité est seulement locataire de cette parcelle, ainsi que celle de Saint-Brice dont une partie comprend 6,000 boutures de peupliers suisses régénérés et l'autre est en préparation depuis le mois de février. M. Voité a une nombreuse clientèle que le produit de ses pépinières ne peut satisfaire, il s'adresse chaque année au commerce.

Lorsque la commission est passée à Tinqueux, la pépinière comptait :

3,475 pommiers doucins de l'année.
250 cerisiers tiges.
4,080 pommiers greffés, ou sur franc.
1,500 poiriers pyramides.
3,100 touffes variées.
1,550 poiriers tiges.
3,565 poiriers sur cognassier.
1,300 pruniers plantés de l'année.
2,000 poiriers greffés de l'année.
1,200 pommiers tiges.
100 pruniers tiges.
3,500 pommiers doucins greffés.
2,000 plans de cognassiers plantés en 1883.
2,000 plants de pruniers plantés en 1883.
3,000 cognassiers greffés d'un et de deux ans.
500 pommiers doucins greffés d'un et de deux ans.
700 pêchers nains.
800 marronniers tiges.
800 tilleuls tiges.
200 sycomores tiges.
1,500 lierres dont 300 en pots.
1,500 rosiers tiges.
2,550 trœnes de Californie et lauriers amandiers.
500 vignes vierge.
50 clématites.
150 chèvre-feuille.
400 épicéas.
110 yuccas.
1,500 arbres verts variés.
300 groseillers variés.
150 abricotiers tiges.
125 abricotiers nains.

800 peupliers d'Italie.
1,500 peup'iers suisses régénérés.
200 platanes tiges.
300 arbres tiges d'ornement.

Dans la pépinière de Reims il existe :
3,000 peupliers régénérés.
1,000 plants de pommiers plantés en 1884.
600 doucins.
600 cognassiers.
2,000 plants de poiriers.
2,000 touffes variées.
2,000 boutures, touffes variées.
2,000 plants de poiriers repiqués.
2,000 plants de pommiers repiqués.
260 peupliers d'Italie et 1,000 boutures de platanes.

La vente annuelle varie de 16,000 à 18,000 fr. et les bénéfices nets de 3,000 à 3,500 fr. A la suite de l'hiver 1879-1880, M. Voité reçut de l'Etat une indemnité de 1,500 fr. Il exploite ses pépinières avec l'aide de son fils et de trois ouvriers.

Le candidat, né à Reims le 18 mai 1832, est le fils de ses œuvres ; il est membre de la Société centrale d'horticulture de Paris, des Sociétés horticoles d'Epernay et Reims et du comice agricole de Reims. Il a obtenu dans des concours différents quatre médailles pour « arbres formés, arbustes, collection de fruits » ; la propriété de Tinqueux lui appartient et chaque année il en amortit le prix d'acquisition. La Commission ne peut encourager M. Voité qu'en le félicitant des résultats qu'il a obtenus au cours de sa carrière horticole.

M. Arbeaumont (*Gabriel*), horticulteur-pépiniériste, architecte-paysager à Vitry-le-François, faubourg de Frignicourt, 72, dirige depuis 1869 l'établissement fondé par son père en 1848. Cet établissement est spécialement consacré à la culture et à la vente des végétaux-ligneux et herbacés de pleine-terre destinés à la création des jardins fruitiers, vergers, vignobles, plantation de places publiques, boulevards, routes, canaux, parcs, jardins d'agrément, forêt, reboisement des terres impropres à l'agriculture, création de prairies naturelles et temporaires. Les cultures en terrain d'alluvion à sous-sol perméable (sable et gravier) couvrent une surface de 25 hectares, divisée en 15 parcelles. Le personnel employé se compose de 15 à 25 personnes suivant la saison, payées à raison de 2 francs 75 à 4 francs la journée, il est aidé par les instruments perfectionnés (charrue, défonceuse, houe a cheval), les engrais et tous les moyens d'action conseillés par les doctrines du progrès. Le siège de l'établissement, situé près de la gare de Vitry-le-François, comprend une charmante maison d'habitation, ses dépendances, et un terrain horticole de 3 hectares. La disposition générale de l'établissement où sont installées les collections fruitières et ornementales permet de discuter et d'étudier toutes les questions horticoles ; c'est un vaste jardin botanique supérieur à ceux que les municipalités de certaines villes établissent à grands frais. On y apprend le placement des arbres à haute futaie, des arbres verts, des plantes à rocher et à caverne, des plantes aquatiques ; on juge l'effet produit par l'isolement des arbustes à fleurs ou à feuillages pour le soleil ou l'ombre, et le contraste formé par les feuillages pourpres, dorés, argentés, laciniés, etc., etc. Les meilleures variétés fruitières représentent les formes préférables pour la garniture des pignons d'habitations rurales, et la mise en valeur des chemins et terrains vagues. La partie artistique et décorative entoure l'habitation ; elle constitue un merveilleux coin de terre où sont accumulées toutes les richesses horticoles désirables. Il existe un rocher et une caverne dont l'exécution est remarquable. L'aménagement du sous-sol de l'habitation mérite une mention spéciale ; il comprend une cave à vins, un fruitier, un vaste magasin où aboutissent les caves à fougères, à greffes, des galeries souterraines creusées dans le tuf sur une longueur de 200 mètres qui sera portée à 500 mètres. Une écurie où l'on trouve deux chevaux, un âne, quatre vaches, deux porcs, des lapins, etc., prend ouverture sur une cour de service où il existe une fosse à fumier avec fosse à purin, parfaitement construites. Les eaux sont emmagasinées dans un bassin contenant 40 mètres cubes, à l'aide d'un moteur à gaz et d'un manège. L'eau aérée et réchauffée est ensuite distribuée dans toute la propriété par une canalisation en fonte.

Il existe une grande serre chaude destinée à la reproduction de tous les végétaux ligneux qu'on ne peut reproduire dehors. Actuellement la multiplication porte sur la vigne précoce Malingre, variété hâtive à grappe longue, grains ovoïdes dorés, très sucrés, dont la maturité est complète à la fin d'août, et qui donne un vin blanc très agréable ; la quantité de petits ceps produits se chiffre par milliers livrés aux amateurs à raison de 50 fr. le mille. Il faut citer encore la multiplication de plusieurs variétés de noyers, et du chêne pourpre qui rend un si grand service ornemental dans la composition des jardins. Le dessous des tablettes reçoit les fougères. L'appareil de chauffage, qui brûle tous les détritus ligneux et herbacés, la cave à charbon, sont placés près de la serre ; on y descend par une échelle marine. La grande serre hollandaise est affectée à la culture des arbres fruitiers en pots ; c'est une culture abritée et non forcée, car la serre n'est pas chauffée. Cette collection comprend tous les genres fruitiers, à l'exception des framboisiers et des groseillers ; son but principal est d'assurer à l'établissement la conservation des bonnes espèces susceptibles d'être reproduites par le greffage. A la fin d'avril, époque du passage de la commission, les fruits tels que poires, pommes, abricots, cerises étaient bien noués. Chaque arbre reçoit comme engrais, du purin coupé avec les eaux ménagères. Des plates-bandes disposées le long des bas-côtés de la serre sont occupées par des bambous en pots. Nous avons encore remarqué, dans le voisinage du compartiment des serres, une collection de clématites à grandes feuilles, en pots, un carré affecté à la contreplantation, un contre rectangle qui constitue le potager de la maison, un carré de chassis où sont placées les plantes à corbeille, et une collection d'arbres, arbustes d'ornement en bac ou en pot,qui permet de satisfaire les amateurs à n'importe quelle époque de l'année.

Le reste de la propriété est divisé en 36 carrés abrités par de belles haies en épicéas, en thuyas de la Chine. Les premiers carrés visités étaient garnis de cerisiers griotte, un bel arbre d'alignement qui donne de bons fruits ; de pommiers à haute tige sur paradis ; de poiriers sur franc et sur cognassier ; de fraisiers en bordure ; de poiriers en cordons, espaliers et spirales ; de vignes de table ; de pruniers à haute tige intercalés avec des cognassiers, etc, etc.

Carré n° 32. — Cerisiers, poiriers, pêchers pour basse tige.

Carré n° 28. — Eglantiers à écussonner à l'automne.

Carré n° 26. — Lilas, boules de neige, collection de poiriers.

Carré n°s 20, 22, 24. — 1,500 poiriers en palmettes avec tuteurs de 1m50. Reproduction de l'érable, du noisetier à feuillage pourpre, de glycine de Chine, des noisetiers à fruits, l'aulne, etc., etc., par marcottes. Collection fruitière à haute tige dressée sur les indications du Congrès pomologique de France ; elle forme une vaste ombrelle qui favorise les repiquages ; une partie du dessous était occupée par des lilas en 15 variétés et des yuccas. Collections de rosiers, fraisiers, groseillers et plantes vivaces.

Carré n° 10. — Epine, sorbier, alisier, etc., etc. Collection de conifères comprenant tous les Abies, les Pinus, les Thuyas, etc.

Carré n° 2. — Arbres formés contreplantés de deux ans, palmettes à pignon en doyenné d'hiver.

Carré n° 1. — Pommier paradis, carré presque épuisé.

Carré n° 3. — Jeunes sujets abrités. On trouve au nord les plantes à feuillage persistant, au midi des abris où la multiplication de la vigne Malingre commencée en serre chaude, s'achève sous chassis. Rosiers en pots. Variétés de lilas, acacia, cornouiller, caragana, cerisiers greffés avec griotte, etc.

Carrés n°s 9 et 10. — Carrés rendus à la culture maraîchère pour les reposer.

Carré n° 13. — Pommes de table qui se comportent le mieux dans la région.

Carré n° 15. — Pêchers sur amandiers, abricotiers.

Carré n° 17. — Conifères rares. Taxus, Abies, Pinus, etc.

Carrés n°s 19 et 20. — Repiquage des sevrages faits par marcotte.

Carré n° 25. — Mélange de conifères. Vernis du Japon et hêtres en spécimen.

Carré n° 29. — Arbres contreplantés pour pyramides.

Carré n° 31. — Collection de vignes de table, figuiers, pruniers à basse tige.

Carré n° 33. — Pommiers et pruniers.

Carré n° 31. — Cultures diverses.

La propriété est clôturée par une haie en épicéas au pied de laquelle se trouve une plate-bande garnie de fusains.

La Commission a visité plusieurs parcelles dépendantes de l'établissement et qui en sont éloignées de quelques hectomètres. La pépinière de la sucrerie desservie par une allée bordée en pins des montagnes et en ifs d'Irlande, comprend les arbres d'alignement et d'ornement parmi lesquels des tilleuls argentés greffés au pied. La pépinière située sur la route de Frignicourt compte 6,000 poiriers, 6,000 pommiers, 2,000 cerisiers, 2,000 pruniers, 1,500 épines ; elle est encadrée par des cerisiers, afin de donner aux jeunes arbres une bonne direction. L'allée de service recevra deux lignes d'abies ; la grange a été transformée en magasin horticole ; le terrain a été défoncé à la main. Dans les pépinières du chemin de fer et de la Marne, on trouve en grande quantité l'érable rouge de Virginie, l'érable de la Colchide, les fresnes, les ormes, les sorbiers, les alisiers, les maronniers, le févier d'Amérique, le platane, le charme, l'orme panaché de Vitry, un gain de la maison, le noyer d'Amérique, le hêtre pourpre, les bouleaux, les arbres pyramidaux, les peupliers hybrides, l'érable panaché, le chicot du Canada, les buis, le blanc de neige, perfection du blanc de Hollande, etc. etc ; les peupliers cultivés dans plusieurs carrés de ces mêmes pépinières sont le Canada et le suisse régénéré, près desquels se trouvent quelques mètres carrés garnis d'osier pour ligatures. La pépinière du Cimetière est surtout remarquable par une école de poiriers et pommiers à cidre en 37 variétés; les sujets très vigoureux n'ont pas souffert de la gelée en 1879. Les pépinières du Pont-Vert et de Blacy distantes de deux et trois kilomètres comprennent le fruitier, le forestier et une culture de peupliers suisses régénérés.

Ce qui distingue surtout l'établissement de M. Arbeaumont, c'est la partie qui fournit les sujets nécessaires à la composition des parcs et jardins paysagers ; les parties fruitières et forestières, très méritantes, ne sont pas supérieures à celles des autres établissements ; les cultures superficielles laissaient beaucoup à désirer, certaines parcelles garnies de beaux arbres, étaient complètement abandonnées aux mauvaises herbes ; il faut dire que le candidat compte les rendre prochainement à la culture, mais en général les travaux paraissaient être en retard au moment où la Commission a visité les pépinières. D'autre part, une partie du siège de l'établissement est en voie de reconstitution à la suite d'une expropriation nécessitée par l'ouverture des chemins de fer de Vitry à Fère-Champenoise et Saint-Florentin ; c'est encore un point faible, car les plantations sont trop récentes pour qu'il soit possible d'en juger l'effet et les résultats. Le grand mérite de M. Arbeaumont, c'est de présenter, non pas une vaste superficie cultivée, mais une quantité de végétaux bien étudiés, choisis parmi les meilleurs gains et les meilleures importations, susceptibles de rendre de réels services à sa région.

L'établissement a une clientèle assise dans la région de l'Est et au centre. Le chiffre a été en 1882 de 30,312 francs, en 1883 de 22,113 francs, en 1884 de 20,064 francs ; la moyenne des frais généraux a été pour ces trois dernières années de 10,000 francs. Les récompenses dont il a été honoré sont les suivantes :

Médaille de bronze (1860). — Arbres verts.
Médaille d'argent (1853). — Exploitation horticole.
Médaille d'argent (1855). — Collection de pommes de terre.
Médaille d'argent (1860). — Collection de fruits.
Médaille d'argent (1860). — Collection de conifères.
Médaille d'argent (1860). — Collection de roses.
Médaille d'argent (1861). — Rodhodendrums.
Médaille d'argent (1862). — Arbres fruitiers.
Médaille d'argent (1874). — Collection de fruits.
Médaille de vermeil (1861). — Collection de conifères.
Médaille de vermeil (1878). — Collection de conifères.
Médaille d'or (1858). — Pépinière et arbres fruitiers.
Médaille d'or (1861). — Collection d'arbres d'ornement.
Médaille d'or (1874). — Produits arboricoles.
Médaille d'or (1876). — Conifères.

M. Gabriel Arbeaumont est un ancien élève du comte de Lambertye sous la direction duquel il a fait son stage horticole, à Chaltrait. Il a écrit un excellent catalogue raisonné, où l'amateur trouve tous les renseignements sur les arbres fruitiers, les arbres et arbustes d'ornement et d'alignement, les plantes a feuillage ornemental pour pelouses et appartements, les plantes potagères, vivaces et à tubercules, etc., etc. C'est l'un des meilleurs guides à suivre pour les habitants des départements de la Marne, et pouvant convenir aux départements du Nord, de l'Est, du Nord-Ouest et du centre de la France.

La Commission qui se trouve en présence de mérites supérieurs ne peut récompenser ceux de M. Arbeaumont, elle félicite vivement cet horticulteur distingué et l'engage à travailler encore à la réalisation de son programme qui est : « Réunir l'utile et l'agréable, le beau et le bon. »

L'établissement de ***M. Maquerlot (Elie-Edmond)***, pépiniériste à Fismes, date de 1862. Son fondateur alors journalier horticole à 55 sous par jour débuta sur un terrain de 50 ares de superficie, acheté avec les économies du ménage, car il faut dire, qu'à cette époque, Mme Maquerlot était déjà la collaboratrice dévouée de son mari. Actuellement M. Maquerlot exploite, 43 hectares ; 13 nouveaux hectares sont en voie de préparation et seront plantés dans le cours de 1884-1885 ; ce qui au printemps de l'année 1885 formera un total de 56 hectares. Cette belle superficie horticole se divise en 19 parcelles dont la désignation suit :

		h.	a.
1, 2	Ville de Fismes, faubourg de Soissons, maison d'habitation, cour, batiments, jardin, dépôt	»»	78
3	La fosse Benoite dit jardin de Saint-Ladre..................	1	50
4, 5	Les jardins du faub. d'Epernay	1	»»

		h.	a.
6, 7	A Verlac.....................	3	50
8, 9, 10	La Briqueterie..............	4	20
11, 12, 13	Le chemin de Villesavoye et la Croix Magitot............	4	»»
14	Le bois Aubriot.............	2	»»
15	Au fond de Blanzy..........	3	»«
16	La tuilerie de Muizon........	6	»»
17	La voie de Châlons (terroir de Trigny).....................	5	»»
18	Le moulin de Baslieux-les-Fismes.....................	3	»»
19	La vallée de Baslieux-les-Fismes........................	22	»»
	19 parcelles formant un total général de	55	98

La composition du sol et du sous-sol de ces parcelles diffère avec l'emplacement qu'elles occupent. La commission a rencontré des terrains marécageux tourbeux, sablonneux et même argilo-calcaire ; dans les terrains marécageux la tourbe se trouve à une profondeur suffisante pour que les plantes du dessus ne puissent souffrir de sa présence ; les terrains secs où le sable entre en petite quantité, sont de culture facile. Ils sont la base de la plupart des parcelles que nous avons visitées.

Nous rendons immédiatement compte de cette visite faite avec tous les soins que réclamait une exploitation horticole aussi importante.

Le siège de l'établissement sis à Fismes, faubourg de Soissons, comprend la maison d'habitation avec cour et bâtiments d'exploitation entourés d'un jardin clos par de grands murs garnis de treillages qui servent au palissage des arbres fruitiers, tels que poiriers, pêchers, vigne de sortes diverses.

Un terrain attenant (allée des missions) sert de dépôt pour la mise en jauge des arbres et plantes ; c'est un magasin d'hiver qui facilite les expéditions à l'époque de la vente. La partie close forme un jardin à fleurs, dans lequel on remarque une grande serre chaude et des chassis qui servent à la multiplication des plantes de toute sorte, de magnifiques haies en Thuya de la Chine qui abritent des milliers de Rhododendrons variés, plantés en terre de bruyère. Des arbustes et arbrisseaux d'ornement à feuilles caduques ou persistantes occupent les parties ombragées de la propriété.

La fosse Benoite est un charmant endroit, bordé d'une part par la Vesle, de l'autre par le chemin latéral à la voie ferrée de Reims à Soissons. Parfaitement dessiné, avec rivière anglaise, pièces d'eau, ponts rustiques, chalets, etc., etc., ce jardin a été créé, il y a quatre ans, dans un terrain de mauvaise qualité, dont la partie basse était un marais fangeux qu'il a fallu assainir par des canaux et des rapports de terre de près d'un mètre de hauteur. On y trouve poussant vigoureusement tous les arbres, arbustes et plantes d'ornement nécessaires à la construction et à l'aménagement des jardins d'agrément.

Les jardins du faubourg d'Epernay sont affectés aux semis d'arbres fruitiers et forestiers. Le terrain, très riche en humus, est traversé par une allée bordée de plates-bandes où sont plantés des conifères choisis parmis les espèces les plus rares ; il est divisé en planches larges de 1m30, qui reçoivent les semis. Une distribution d'eau très bien aménagée permet d'arroser le jardin en un instant.

La pépinière de Verlac, sur la route de Saint-Gilles, est plantée en arbres fruitiers, forestiers et d'agrément. Un carré de 500,000 plants forestiers, soigneusement repiqués, est remarquable par la belle végétation des sujets et la bonne culture dont il est l'objet. La pépinière de la Briqueterie est également affectée aux arbres fruitiers et forestiers. On y cultive aussi plusieurs vignes pour pieds-mères, des milliers d'églantiers, des rosiers à haute tige en cent quarante variétés remontantes, choisies parmi les plus belles espèces.

Les terrains du chemin de Villesavoye et de la Croix-Magitot, contiennent 80,000 pommiers, poiriers, pruniers, pêchers disponibles, d'une beauté et d'une vigueur remarquable. Les arbres sont à haute tige, quenouille, palmette, etc., etc. et appartiennent à plus de cinquante variétés différentes. Un plant d'asperges de dix ares, en pleine production, fait suite aux plantations.

Le bois Aubriot est destiné entièrement au repiquage des jeunes pins, sapins propres au reboisement. C'est la dernière parcelle qui est proche de Fismes ; celles dont l'examen va suivre, à part la propriété de Trigny, près Reims, sont éloignées de plusieurs kilomètres, mais on peut encore les comprendre dans le rayon de l'établissement, M. Maquerlot en conservant la direction et la surveillance.

Le terrain de la pépinière de Blanzy n'est autre chose que l'emplacement d'un étang désséché il y a de longues années. Les espèces dominantes de plant forestier qu'on y trouve par millions de sujets, sont : aulne, accacia, bouleau, chêne, frêne, hêtre, chataignier, érable, épine, saule-marsault, sainte Lucie, tilleul, charme, sapins. Le Rupt de Blancy, qui traverse la propriété, a été aménagé pour donner de l'eau en temps de sécheresse. Un grand canal complète le système d'irrigation et permet d'inonder légèrement la pépinière en une heure.

Les six hectares de la Tuilerie de Muizon sont spécialement consacrés à la production du peuplier dit le régénéré. M. Maquerlot, aidé par M. Tassin de Montaigu, propriétaire du terrain, a le mérite d'avoir transformé ces marais tourbeux en une pépinière magnifique où l'on peut compter plus de 80,000 peupliers d'une croissance admirable. Ce résultat a été obtenu par l'ouverture de fossés larges de trois mètres, creusés perpendiculairement au lit de la Vesle qui longe la propriété au sud, et à la construction de banquettes larges de six mètres sur lesquelles les plantations ont été faites.

Le moulin de Baslieux-les-Fismes et la vallée qui porte le même nom, forme une vaste pépinière de 25 hectares d'un seul tenant, dans laquelle on entre par une magnifique allée large de six mètres, qui prend ouverture sur le chemin rural du gravier de Baslieux. Seize lignes d'arbres fruitiers et d'ornement bordent cette voie principale destinée au passage des visiteurs et des voitures d'expédition. Cette propriété qui est entre les mains de M. Maquerlot depuis un an seulement, a été entièrement transformée par ses soins : la maison d'habitation et les dépendances restaurées ; la cour de service nivelée et rendue praticable ; le ruisseau endigué et dirigé de façon à alimenter deux pièces d'eau de création récente et destinées à la pisciculture ; un drainage parfaitement compris, établi pour l'assainissement d'une partie marécageuse d'environ trois hectares ; le grand fossé collecteur où s'écoule l'eau drainée, utilisé pour la culture du cresson, des défoncements pratiqués et des déplacements de terre effectués en différents endroits. Les plantations qui se composent uniquement de variétés fruitières, pommiers, poiriers, pruniers, cerisiers, cognassiers et Sainte-Lucie pour greffes, sont d'une régularité parfaite ; les grandes divisions sont partagées en rectangles de 50 mètres carrés, la distance entre les lignes est de $0^{m}90$ et de $0^{m}70$ entre les sujets. Le contre-maître, qui habite l'ancien moulin, est en même temps le garde de la propriété.

M. Maquerlot cultive l'asperge d'Argenteuil à Trigny, près Reims, sur une vaste échelle. Une parcelle de cinq hectares légèrement sablonneuse, en bonne exposition, dont les produits suffisaient à peine pour en payer l'impôt, fût plantée en asperges dont le rendement actuel est de 12,000 bottes vendues au prix moyen de 1 fr. 25 l'une, pour les marchés de Reims et de Paris. Les frais de premier établissement, y compris une construction de 4,000 fr., ont été de 26,000 fr. ; la dépense annuelle d'entretien et d'exploitation monte à 5,800 fr.

La partie florale est confiée à Madame Marquelot. Elle comprend les bouquets à la main, les fleurs coupées, les fleurs de luxe, les plantes d'appartement, camélias, azalées, œillets, fougères, palmiers, orchidés, etc., etc. La culture maraîchère n'a d'autre but que de satisfaire aux besoins de la maison.

Le nombre d'ouvriers employés est de 40 en hiver et 20 en été ; les salaires sont de 3 fr., 3 fr. 25 et 4 fr. par jour sans nourriture. A la tête de ce personnel est placé un excellent chef de culture, M. Louis-Alfred-Adrien Péon, âgé de 40 ans, qui est au service de M. Maquerlot depuis le 1er novembre 1866. La Commission regrette vivement de ne pouvoir récompenser les bons et loyaux services de ce fidèle serviteur pour lequel une demande a été formulée trop tardivement, c'est-à-dire après les délais fixés par l'arrêté ministériel.

M. Maquerlot a renoncé aux engrais chimiques, qui restaient sans effet, pour n'employer que le fumier de ferme sous diverses formes à raison de 60 mètres cubes à l'hectare ; il renouvelle les fumures tous trois ans. Toutes les cultures s'exécutent à bras ; les chevaux ne sont employés qu'au transport des produits et des engrais, néanmoins, M. Maquerlot a l'intention d'introduire chez lui, une charrue défonçeuse pour la préparation de la terre et des houes à cheval pour les cultures superficielles.

La tenue de la comptabilité est bonne. Le chiffre des ventes du 1er octobre 1883 au 1er avril 1884, a été de 80,000 francs. Les frais se répartissent ainsi : main-d'œuvre,

32,000 fr. ; frais généraux, de maison, exploitation, engrais, fumier, entretien de matériel, 20,000 fr. ; montant des locations des terrains horticoles 5,300 fr. ; ce qui forme un total de 57,300 fr. à déduire du montant des ventes 80,000 fr. ; bénéfice net 27,200 fr. M. Maquerlot est locataire de la presque totalité des parcelles qui composent son exploitation horticole, mais il possède à Fismes et dans les environs des propriétés foncières évaluées avec le siège de l'établissement à 85,000 fr., auxquels il faut ajouter la somme de 150,000 fr., valeur superficielle des propriétés.

M. Maquerlot a beaucoup perdu en 1879, la gelée ayant détruit en grande partie les arbres fruitiers, les arbustes verts, les conifères en plus de soixante variétés, à l'exception de ceux qui étaient entièrement couverts de neige. La perte subie n'a pas été inférieure à 40,000 francs, mais la fertilité du sol aidant, les vides furent comblés dans un temps assez court ; il n'a reçu aucune indemnité de l'Etat et il n'a pas tenté la restauration des arbres avariés.

Les principaux débouchés de l'établissement sont la Marne, les Ardennes, l'Aisne, la Belgique, le Nord, la Seine, Seine-et-Marne, Seine-et-Oise, la Meuse, Maine-et-Loire, etc., etc. Il expédie même à Angers qui est l'un de nos grands centres horticoles.

Nulle part, la Commission n'a trouvé une aussi grande surface cultivée, des pépinières aussi régulières, des arbres aussi beaux, des cultures aussi soignées, des améliorations aussi importantes que chez M. Maquerlot ; son établissement a un grand avenir et on peut dire sans conteste que son directeur est le premier horticulteur du département. La commission est heureuse de le présenter à M. le Ministre de l'agriculture, elle le prie de décerner à M. Edmond Elie Maquerlot, lauréat de plusieurs Sociétés horticoles, l'objet d'art et la somme de mille francs, qui constituent la prime d'honneur de l'horticulture.

III. Prix pour les journaliers ruraux et serviteurs a gages.

Dans sa séance du 19 avril la Commission avait décidé que les récompenses seraient réparties par une proportion, aussi exacte que possible, entre les candidats de chaque profession, les plus méritants, et qui auraient les plus longs services dans la même famille ou dans le même établissement. Les conditions suivantes avaient été également admises : 1° Les prix en argent affectés aux journaliers ruraux et aux serviteurs à gages pourront être attribués par portions inégales aux candidats selon leur rang d'admission ; 2° Sera éliminé, tout postulant qui ne sera pas spécialement attaché comme serviteur à gages ou journalier, à l'agriculture, à la viticulture, et à l'horticulture, ledit arrêté du 31 décembre 1883 ne s'appliquant qu'à ces trois branches de travail.

Il y avait 152 demandes à examiner, dont 51 de la part des journaliers ruraux et 101 de la part des serviteurs à gages.

La Commission a retenu pour les journaliers ruraux 22 et pour les serviteurs à gages 31 de ces demandes qu'elle a trouvées admissibles selon les conditions rappelées plus haut. Enfin, après un nouvel examen, elle a arrêté définitivement et à l'unanimité le classement des prix et des médailles à décerner de la manière suivante :

(a) — **Journaliers ruraux.**

Dreux-Morizet, *Louis-Théodore*, domicilié à Avize, est un maître-vigneron émérite. Son grand-père, son père et lui offrent ce fait unique peut-être, de trois générations restées fidèlement attachées à la même famille pendant près de soixante-dix ans. Il est chargé de la direction des vignes de M. Léopold Houry-Vallé, sises sur les territoires de Cramant et d'Avize, et s'en acquitte à la grande satisfaction du propriétaire ; le lot de onze arpents dont il est chargé a la réputation d'être le mieux entretenu de l'endroit. Pour ces motifs il a reçu une médaille d'argent en 1875 ; depuis,ses aptitudes ayant été remarqueés par le comité central phylloxérique, il fut compris au nombre des délégués chargés d'étudier et de veiller. La Commission est heureuse de pouvoir décerner à Dreux-Morizet, la première des récompenses réservées aux journaliers ruraux, une médaille d'or et 140 francs.

Moriset, *Cyrille*, est entré au service de MM. Moët et Chandon en qualité de maître-vigneron à Verzenay le 1er janvier 1856 ; il s'est toujours acquitté avec zèle et dévouement des fonctions qu'il remplit depuis 27 années. La Commission estime qu'il est digne à tous égards d'une médaille d'argent grand module et d'une prime de 120 francs.

Duperoux, Isidore-Arsène, journalier, domicilié à Aulnay-l'Aître, est employé comme faucheur et aide agricole chez MM. Dupuis père et fils depuis l'année 1832, c'est-à-dire 52 ans. D'autre part, il travaille tous les hivers depuis plus de trente ans en qualité de coupeur, dans toutes les coupes de bois exécutées annuellement pour le compte de MM. Lesseville. C'est un ouvrier intelligent et consciencieux, d'une honnêteté irréprochable, déjà primé à Vitry-le-François en 1869 ; la Commission récompense ses services par une médaille d'argent grand module et 120 francs.

Guignon, François-Michel-Alphonse, manouvrier, est domicilié à Mareuil-en-Brie, où il est né le 17 octobre 1819. Pendant 47 années, de 1837 à 1884, inclusivement, il a été employé comme ouvrier journalier sur la terre domaniale du château de Mareuil-en-Brie, au fauchage des moissons, à la conduite et à l'entretien des eaux, fontaines, conduits, aqueducs, fossés, étangs, et chemins ruraux de la propriété. Sur ces 47 années, 39 ont été employées au service de M. de Salverte, ancien propriétaire, et 8 ans au service de M. Orville, le propriétaire actuel. En 1874, Guignon a obtenu du comice d'Epernay une médaille d'argent pour 35 moissons successives chez le même maître. Ouvrier probe et soigneux, attaché au bien de son maître comme au sien propre, très estimé à Mareuil et dans les environs, il est arrivé à jouir, par le seul produit de ses bras, d'une honnête aisance. La Commission décerne à Guignon une médaille d'argent et 100 francs.

Barthel, Michel, âgé de 81 ans, est au service de M. Ponsinet-Fiquémont, cultivateur et maire à Caurel, depuis 46 ans en qualité de moissonneur-journalier. Son travail et sa conduite dignes de tout éloge ont été récompensés par le comice de Reims en 1877. La Commission décerne à Barthel une médaille d'argent et 100 francs.

Bardoux, François-Louis, manouvrier, domicilié à Villers-aux-Nœuds, canton de Verzy, travaille depuis 41 ans tant dans la maison de culture de M. Bertaux-Andrieux, que dans celle de M. Bertaux-Hanin, son fils, comme moissonneur et aide agricole. La Commission récompense les services de Bardoux par une médaille d'argent et 100 fr.

Gouzènes, Jean, aide agricole, né le 10 mai 1821 à Ardièges (Haute-Garonne), est entré au service du sieur Eloy Robin, cultivateur à Aulnay-sur-Marne, en novembre 1842, est resté fidèlement attaché à cette exploitation jusqu'à ce jour et y sert actuellement le petit-fils de son premier maître, M. Bayen, Gustave. Gouzènes a reçu une médaille d'argent en 1858 à la réunion agricole de Suippes, la Commission lui décerne une médaille de bronze et 80 francs.

Carré, Nicolas-Nestor, domicilié à Marson, est employé depuis l'année 1847 en qualité de faucheur, dans l'exploitation de MM. Prinet père et fils, cultivateurs audit Marson. Pendant ces 37 années, il a fait preuve de beaucoup de zèle, et a fourni un travail irréprochable. Cet ouvrier qui se distingue aussi par une conduite exemplaire, des habitudes d'ordre et d'économie, est très estimé. La Commission décerne à Carré une médaille de bronze et 80 francs.

Masson, Auguste, né à Pringy, le 29 mai 1825, est au service de la famille Guyot-Briquet comme faucheur-moissonneur, depuis l'année 1850 inclusivement. Chaque année il a coupé 40 hectares de récoltes telles que céréales, prairies naturelles et artificielles Ses maîtres, Briquet, Théodore, Briquet veuve, née Madeleine Vallet, Guyot-Briquet n'ont eu qu'à se louer de son travail et de l'intérêt qu'il leur a toujours porté. Masson est un honnête ouvrier, qui n'a pas le seul mérite d'avoir travaillé dur et longtemps, il a su conserver le produit de son travail, élever une nombreuse famille, acquérir une honorable aisance et jouir de l'estime de ses concitoyens. C'est là un fait peu commun, car beaucoup de nos bons travailleurs n'ont guère souci du lendemain et ne possède pas cet esprit d'ordre et d'économie qui a toujours distingué Masson, Auguste. La Commission récompense ses 34 années de bons et loyaux services par une médaille de bronze et 80 fr.

Leclert, Augustin-Eugène, aide agricole, né à La Cheppe le 13 mai 1826, et au service de MM. Parjois, Augustin et Herbillon, Ernest, cultivateurs à La Cheppe, depuis 34 années. Précédemment, il servait M. Jacquinet, Alexis chez lequel il a passé 10 années. Le comice de Châlons lui a décerné une médaille d'argent en 1869. Leclert ayant continué, à servir les mêmes maîtres avec autant de dévouement, la Commission lui décerne une médaille de bronze et 80 fr.

(b) — **Serviteurs à gages.**

Pierrat, François, né en 1822, est entré comme second berger à la ferme du château de Muizon en 1832. Il prit la direction entière du troupeau quelques années plus tard, à la mort de son père, qui était premier berger. Il y servit successivement sans interruption MM. Danton-Destable, 12 ans, Deligny-Andrieux, 23 ans, et Baillot, Anatole, le successeur et gendre de M. Deligny, 17 ans. Le troupeau d'élevage qu'il conduit se compose de 650 bêtes métis-mérinos, dont 50 béliers livrés chaque année à la reproduction. La conduite, la probité de Pierrat sont exemplaires ; il n'a subi aucune condamnation, a fort bien élévé ses enfants et a su acquérir une honorable aisance. Ce bon serviteur a été récompensé plusieurs fois par le Comice de Reims et le Comice central, la Commission estime qu'il est digne à tous égards de la première des récompenses destinées aux serviteurs à gages, elle lui décerne la médaille d'or et une prime de 140 francs.

Marchant, Victor-Ferdinand, né à Grauves le 21 septembre 1832, est chef-vigneron chez MM. Moët et Chandon depuis le 8 novembre 1860. Il s'est toujours distingué par ses capacités professionnelles, par une conduite, une moralité, et une probité irréprochables ; il possède l'estime de ses maîtres qu'il a toujours servis avec zèle et dévouement depuis 24 ans. La Commission récompense les mérites de Marchant par une médaille d'argent grand module et 120 francs.

Gaillet, Jean-Pierre, ancien militaire, est depuis 57 ans au service de M. Sautret, Célestin, cultivateur et maire à Bétheniville. C'est pour ses aptitudes agricoles que le Comice de Reims lui accordait une médaille d'argent en 1882. Les références sont excellentes, les services en agriculture, certifiés bons et loyaux par le maître et les notables cultivateurs de la commune, aussi la Commission décerne à ce vieux brave une médaille d'argent grand module et 120 fr.

Siret, Adèle, fille de basse-cour, est entrée au service de la famille Trubert, de Plivot, en 1832. Ses maîtres MM. Patelard-Robin, Trubert-Patelard, Trubert, Ernest n'ont eu qu'à se louer de son travail, de sa bonne conduite, et des soins qu'elle a donnés aux animaux qui lui étaient confiés. Elle a obtenu deux récompenses aux concours départementaux. La première à Sézanne en 1856, la seconde à Epernay en 1876. Pour ces motifs et en raison du grand nombre d'années passées dans la même famille, la Commission donne à Adèle Siret une médaille d'argent et 100 francs.

Gabriel, Albert, garçon de culture, né le 20 mai 1823, est chez M. Frapart, cultivateur à Nuisement-sur-Coole, depuis le 12 février 1837. Son activité, son amour du travail, sa bonne conduite, l'affection qu'il témoigna à ses maîtres le firent considérer à juste titre comme un excellent serviteur. Aussi reçut-il du Comice de Châlons, une médaille de bronze en 1859 et une médaille d'argent en 1864 ; en 1883 la Société d'Agriculture lui décernait l'une des récompenses réservées aux quatre plus anciens serviteurs ruraux du département. Depuis cette époque, Gabriel, Albert n'a pas cessé de faire preuve de dévouement ; la direction presque entière de la maison lui est abandonnée, il administre avec une intelligence manifeste, c'est pourquoi la Commission lui décerne une médaille d'argent et 100 francs.

Colmart, François-Eugène, berger, domicilié à Saint-Souplet, est entré au service de M. Gerbaux-Maître, en 1833, puis chez M. Maillot-Gerbaux, gendre du précédent, en 1844 et M. Maillot, Jules, fils et successeur de M. Maillot-Gerbaux, en 1871 où il est encore maintenant. Colmart est né à Saint-Souplet le 15 septembre 1817, il n'a jamais quitté son service un seul instant. Très-estimé par ses maîtres, il a obtenu en 1872 une médaille d'argent au concours agricole de Pontfaverger et le 5 juin 1876 une prime de 50 francs au comice de Reims. La Commission, considérant les longs et bons services de Colmart, lui décerne une médaille d'argent et 100 francs.

Lebrun, Isidore, chef de culture à Fère-

Champenoise, est entré au service de Mme veuve Royer, née Alexandrine Dardoize, en juillet 1851 à l'âge de treize ans, et est resté attaché à la maison jusqu'en novembre 1857. Chaque année à partir de 1858 et pendant 12 ans, Lebrun a travaillé chez Mme Royer comme faucheur et ouvrier de moisson, il ne l'a quittée qu'en 1870 pour entrer avec sa femme, dans la ferme de M. Jacquin qu'il a dirigée jusqu'au 15 novembre 1879 avec beaucoup de zèle et d'intelligence. Le 1er février 1880, il devient le chef de culture de M. Guyot-Prieur, conseiller général et maire de Fère-Champenoise ; il dirige et cultive une ferme de 50 hectares de terre et prés ; son travail et sa bonne direction ont augmenté les produits en grains, racines et bestiaux de 50 pour %. Les époux Lebrun ont reçu du comice de Sézanne en 1879 une médaille d'argent ; la Commission décerne à Lebrun, Isidore une médaille de bronze et 80 francs.

Blot (Pierre-Constant), né à Baslieux-sous-Châtillon, le 22 février 1822, est entré comme garde-vente forestier en 1834 chez M. Vincent (Pierre-Joseph) maire de Villers-sous-Châtillon. Son activité et son intelligence furent telles, que le 17 avril 1846, on l'installa comme meunier à gages et régisseur du moulin d'Anthay, commune de Binson-Orquigny. A la mort de M. Vincent, le moulin est devenu la propriété de l'un de ses fils, M. le docteur Henri Vincent; il sert exclusivement à moudre le petit sac, c'est-à-dire le grain des ménages, et sa conduite est abandonnée entièrement à

Blot, qui est digne à tous égards de cette confiance. C'est sous la surveillance de ce serviteur que se cultivent 4 hectares de terres labourables ; c'est lui qui irrigue les 6 hectares de prairie naturelle qui font partie de l'exploitation et chaque année il plante des peupliers et des arbres fruitiers, ce qui augmente la valeur de la propriété. Les services de cet homme dévoué ont déjà été appréciés comme ils le méritaient : deux médailles lui ont été données, l'une à Châtillon en 1879, l'autre à Reims en 1874. La Commission décerne à Blot une médaille de bronze et 80 francs.

Laval (*Jules*), domestique-vigneron, travaille, avec sa famille, depuis 36 ans pour M. Maître, propriétaire, demeurant à Cumières. Il a obtenu l'un des prix Droche, décernés à l'occasion du concours régional de Reims en 1876. La Commission récompense ses longs et excellents services par une médaille de bronze et 80 francs.

Lioure (*Louise*), servante-vigneronne, née à Viala-du-Tarn (Aveyron), est au service de la famille Héral-Gascheau depuis le mois de juillet 1850. Chez ses maîtres, M. Gascheau, professeur en retraite de l'Ecole des arts et métiers à Châlons-sur-Marne, retiré et décédé à Oger, puis M. Héral, receveur des postes en retraite, propriétaire et maire à Oger, Louise Lioure a toujours été employée à la direction des travaux des vignes et des soins intérieurs de la maison. Le soin d'élever les enfants et les petits-enfants de son dernier maître lui a été abandonné en grande partie. La Commission ne peut que récompenser cette personne qui possède le respect, l'estime et la confiance de ses maîtres, elle lui décerne une médaille de bronze et 80 francs.

Par tout ce qui précède, nous venons de voir, messieurs, que la Marne est toujours ce beau département dont l'agriculture sera encore longtemps la principale richesse ; que les mérites y sont toujours nombreux à récompenser parce que les hommes de cœur sont loin d'y faire défaut.

Le rapporteur général,

L.-G. MAURICE,

Propriétaire-agriculteur à Pringy (Marne), vice-président de la commission de statistique agricole, secrétaire et membre de la Chambre consultative d'agriculture de l'arrondissement de Vitry-le-François, délégué du conseil départemental de l'instruction publique, secrétaire de la délégation cantonale de Vitry-le-François, vice-secrétaire de la Société hippique de Vitry-le-François et membre du conseil d'administration de la même Société, membre du conseil d'arrondissement de la caisse de secours contre la grêle, lauréat et juré de concours agricoles, etc., etc.

Vitry, Typ. PESSEZ et Cie

www.ingramcontent.com/pod-product-compliance
Ingram Content Group UK Ltd.
Pitfield, Milton Keynes, MK11 3LW, UK
UKHW021134230726
13926UKWH00002B/783